NOUVELLES ARCHIVES

DES

MISSIONS SCIENTIFIQUES

ET LITTÉRAIRES

CHOIX DE RAPPORTS ET INSTRUCTIONS

PUBLIÉ SOUS LES AUSPICES

DU MINISTÈRE DE L'INSTRUCTION PUBLIQUE ET DES BEAUX-ARTS

TOME XIII

Fascicule 1

PARIS

IMPRIMERIE NATIONALE

MDCCCCIV

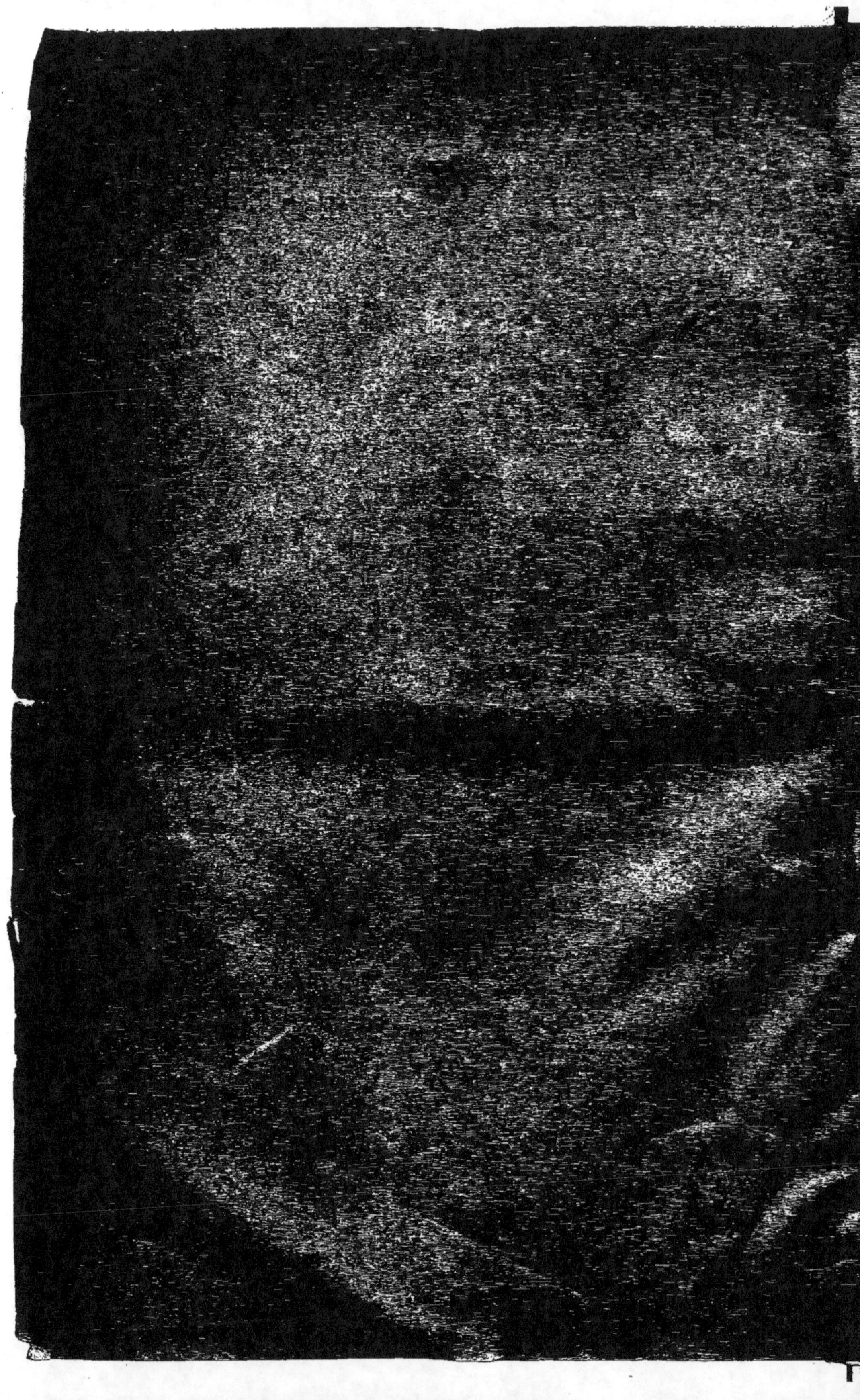

NOUVELLES ARCHIVES

DES

MISSIONS SCIENTIFIQUES

ET LITTÉRAIRES

NOUVELLES ARCHIVES

DES

MISSIONS SCIENTIFIQUES

ET LITTÉRAIRES

ARCHIVES

DES

MISSIONS SCIENTIFIQUES

ET LITTÉRAIRES

NOUVELLES ARCHIVES

DES

MISSIONS SCIENTIFIQUES

ET LITTÉRAIRES

CHOIX DE RAPPORTS ET INSTRUCTIONS

PUBLIÉ SOUS LES AUSPICES

DU MINISTÈRE DE L'INSTRUCTION PUBLIQUE
ET DES BEAUX-ARTS

—

TOME XIII

PARIS

IMPRIMERIE NATIONALE

—

MDCCCCVI

NOUVELLES ARCHIVES

DES

MISSIONS SCIENTIFIQUES

ET LITTÉRAIRES

CHOIX DE RAPPORTS ET INSTRUCTIONS

PUBLIÉ SOUS LES AUSPICES

DU MINISTÈRE DE L'INSTRUCTION PUBLIQUE ET DES BEAUX-ARTS

TOME XIII

Fascicule 1

PARIS

IMPRIMERIE NATIONALE

MDCCCCIV

RAPPORT

SUR

UNE MISSION SCIENTIFIQUE

À LA CÔTE FRANÇAISE DES SOMALIS,

PAR M. CH. GRAVIER,

ASSISTANT AU MUSÉUM D'HISTOIRE NATURELLE.

MONSIEUR LE MINISTRE,

J'ai l'honneur de vous adresser ci-dessous le compte rendu de la mission scientifique que vous avez bien voulu me confier pour l'étude de la faune de la mer Rouge, dans la région de la Somalie française, et la récolte de matériaux destinés aux collections du Muséum d'histoire naturelle.

Avant d'indiquer les résultats de cette mission, je dois, avant tout, rappeler l'accueil particulièrement cordial et le concours extrêmement précieux que j'ai trouvés chez M. A. Bonhoure, gouverneur de la Côte française des Somalis. Non seulement ce haut administrateur m'a offert la plus généreuse hospitalité à la Résidence même, mais il a mis à ma disposition, chaque fois que les besoins du service ne les retenaient pas ailleurs, la baleinière et le boutre du Gouvernement, avec leurs équipages indigènes, ce qui a facilité singulièrement ma tâche et a diminué les dépenses de mon voyage, tout entières à ma charge. En outre, M. A. Bonhoure, naturaliste de tempérament, très instruit en zoologie, n'a cessé de s'intéresser vivement à mes travaux; lorsque les lourds soucis du Gouvernement lui en laissaient le loisir, il m'accompagnait dans mes recherches en mer. Je tiens à dire ici que si j'ai pu faire, en un temps relativement très court (parti le 25 décembre 1903 de Marseille, j'étais de retour en France le 20 avril 1904), de nombreuses observations et de riches récoltes, c'est grâce à la bienveillance éclairée de M. le gouverneur Bonhoure, que le Muséum a nommé récemment Membre correspondant de notre grand établissement national.

C'est dans le golfe de Tadjourah et particulièrement dans la rade de Djibouti qu'ont été entreprises les recherches fauniques qui faisaient l'objet de ma mission; les séjours que j'ai pu faire aux îles Musha et à Obock ont été des plus fructueux. De ce dernier point, j'ai pu adresser au Laboratoire de Géologie des matériaux instructifs au point de vue de l'histoire des plages soulevées. Après avoir traversé le désert somali, si impressionnant et si varié d'aspect, j'ai recueilli beaucoup d'insectes sur la route de Dirédaouah à Harrar.

Tous les endroits accessibles à mer basse ont été soigneusement explorés; les sables vaseux situés au voisinage de la Résidence m'ont fourni nombre de formes intéressantes, entre autres une Virgulaire, dont la curieuse biologie et l'anatomie feront l'objet d'un mémoire qui sera publié prochainement.

Mais ce sont surtout les récifs coralliens qui constituent, pour le naturaliste, une mine pour ainsi dire inépuisable. Rien ne saurait donner une idée de la variété, de la suprême élégance de forme et de la richesse de teinte de ces polypes coralliaires et de leurs commensaux : l'observation d'un de ces récifs par un temps calme, sans une ride à la surface de la mer, est l'un des plus beaux spectacles qu'il soit donné à un zoologiste de contempler. Dans la baie de Djibouti, aucun de ces récifs ne s'assèche à mer basse, de sorte que c'est seulement grâce aux indigènes qu'on peut se procurer les animaux qui peuplent ces formations coralliennes. Les Somalis, très habiles dans l'art de plonger, sont capables de rester longtemps sous l'eau; ils apportent assez ponctuellement les objets qu'on leur désigne de l'embarcation où l'on se tient, muni du miroir des pêcheurs de perles. En brisant en menus fragments les polypiers ainsi ramenés à la surface et qui paraissent être absolument compacts, on trouve une foule d'animaux variés qui se sont creusé leur gîte à l'intérieur de la masse calcaire : Annélides polychètes, Géphyriens, Crustacés, etc. Lorsque la profondeur dépasse 5 à 6 mètres, il est nécessaire d'avoir recours à la drague; le travail au marteau et au ciseau qu'exige la capture de certaines formes, comme les Bénitiers, devient alors beaucoup trop pénible, même pour les plongeurs les plus endurants.

Enfin, à l'aide d'un filet de Hensen, du Laboratoire maritime de Saint-Vaast-la-Hougue, que mon excellent maître, M. Edmond Perrier, a bien voulu me prêter, j'ai pu faire, à différentes heures du jour, des pêches de surface pour l'étude des organismes pélagiques. Quoique les résultats de ces pêches ne soient certes pas dénués d'intérêt, ils eussent été tout autres si j'avais pu disposer du personnel et du matériel nécessaires pour l'exécution des mesures rigoureuses faites d'après les principes de l'école scandinave. On sait que l'étude du Plankton, qui préoccupe de plus en plus et à juste titre les zoologistes, se relie intimement à la biologie marine, à celle des polypiers des récifs en particulier et aussi à la question beaucoup plus haute de la circulation de la matière vivante à travers les océans.

Les matériaux recueillis au cours de ces recherches n'ont pas rempli moins de trente-quatre caisses qui ont été expédiées au Muséum en trois envois distincts. Les soins minutieux que j'ai pris moi-même au moment de l'emballage ont permis de faire parvenir le tout à destination, en parfait état de conservation sans qu'aucun des récipients fût brisé. J'ai pu faire, au cours de ces travaux, de très utiles remarques que j'intercalerai, lorsque le moment en sera venu, dans le Guide que j'ai écrit en 1901 pour les voyageurs naturalistes.

Je me suis attaché surtout, en ce qui concerne les pièces destinées au Muséum, à combler les lacunes de nos collections d'Invertébrés. Ces animaux sont fréquemment de petite taille; il est peu aisé de les reconnaître et parfois même de les trouver; il est plus difficile encore de les préparer convenablement, car ils se déforment considérablement sous l'action des réactifs fixateurs les plus énergiques, et deviennent alors méconnaissables : les voyageurs naturalistes, malgré tout leur zèle et toute leur bonne volonté, en rapportent rarement de leurs excursions. A ce sujet, je dois signaler un ensemble de pièces toutes nouvelles pour notre grand Muséum national : ce sont les différents types de polypiers des récifs coralliens avec leurs polypes à l'état d'extension. Nous ne possédions jusqu'ici que les squelettes calcaires de ces Cœlentérés. Dans le même ordre d'idées, il convient de mentionner des Polypes hydraires, des Bryozoaires, de délicates Holothuries, de nombreux Mollusques nudibranches aux formes les plus bizarres, aux colorations les plus brillantes, etc., animaux trouvés les uns sur les polypiers détachés du fond de la mer par les plongeurs, les autres sur les débris de toute sorte ramenés par la drague.

La faune de la mer Rouge a un intérêt spécial pour nous, à cause des recherches de Savigny, qui faisait partie de la Commission de savants emmenée par Bonaparte en Égypte. Beaucoup d'espèces décrites par Savigny manquaient au Muséum qui ne possède point les types étudiés par le célèbre zoologiste.

Djibouti a l'avantage, par sa position géographique, de procéder à la fois de la mer Rouge et de l'océan Indien ; sa rade, si magnifiquement encadrée, possède toute une série de récifs dont l'exploration méthodique ne présente pas de difficultés matérielles sérieuses. Ces récifs, avec la faune qu'ils abritent, soulèvent une foule de problèmes biologiques du plus haut intérêt. Quelle belle moisson de faits à recueillir dans l'étude de ces phénomènes de la vie marine tropicale! Au lieu d'avoir sur nos côtes tant de laboratoires dont certains font double ou triple emploi, combien ne serait-il pas plus utile d'établir à Djibouti une station biologique où le champ d'études serait autrement vaste et autrement fertile que sur certains points des rivages de la Manche ou de l'océan Atlantique!

Le triage des matériaux recueillis dans le golfe de Tadjourah mené activement a permis de distribuer déjà plusieurs groupes à des spécialistes compétents qui publieront très prochainement les résultats de leurs observations. On aura une idée de l'importance des éléments de collections que vient ainsi d'acquérir le Muséum par les quelques indications suivantes :

M. le Dr G. Nobili (du Musée de Turin), à qui M. E.-L. Bouvier a confié l'étude d'une partie des Crustacés provenant de ma mission, a déjà signalé quelques formes très rares, comme l'*Hymenocera elegans* Heller, singulier Macroure à articles foliacés, d'une richesse admirable de coloration qui, en nageant, simule d'une façon très curieuse un Papillon au vol; le *Nikoides Danæ* Pauls., qui n'a pas été revu depuis qu'il a été décrit par l'auteur russe (1875); le *Lysiosquilla vicina* nov. sp.; le *Latreutes Gravieri* nov. sp.; etc.

M. le professeur Joubin, qui a étudié les Némertiens, a trouvé parmi eux trois formes inédites : *Eunemertes Bonhourei* nov. sp.; *Carinella aurea* nov. sp., *Drepanophorus Gravieri* nov. sp. M. le professeur Ludwig von Graff (de l'Université de Graz) a bien voulu se charger de la détermination des Planaires; M. C. Vaney, maître de conférences à la Faculté des sciences de Lyon, de celle des Échinodermes; M. le professeur Cl. Hartlaub (de la Station biologique de Helgoland), de celle des Méduses.

Un premier examen a permis à M. Hérubel de reconnaître une douzaine d'espèces de Géphyriens, dont deux sont nouvelles pour la science, plusieurs autres donnent lieu à d'intéressantes remarques au point de vue de la morphologie du groupe ou à celui de la zoo-géographie.

M. Édouard Lamy, attaché au Laboratoire de Malacologie, s'est chargé de déterminer les Gastéropodes prosobranches; il a déjà publié la liste des espèces d'Arches que j'ai recueillies dans le golfe de Tadjourah; sur seize espèces, quatre n'ont pas encore été signalées dans la mer Rouge.

M. Vignal n'a pas trouvé moins de dix-sept espèces parmi les Cérithidés provenant de la même région; plusieurs espèces y étaient inconnues; d'autres présentent des variétés intéressantes.

M. le Dr Anthony fera connaître prochainement la liste des Lamellibranches, dont plusieurs formes, notamment les Chames, lui ont fourni des matériaux d'étude pour ses recherches d'embryogénie et de morphogénie générale.

M. le professeur A. Vayssière, si connu pour ses beaux travaux anatomiques sur les Mollusques, a consenti à étudier la collection des Opisthobranches.

M. le professeur C.-Ph. Sluiter (de l'Université d'Amsterdam) a eu l'amabilité de mettre à notre disposition sa haute compétence en ce qui concerne les Tuniciers.

Enfin, M. T.-W. Vaughan (de Washington) a eu l'amabilité de m'offrir sa collaboration pour l'étude de certaines familles de Polypiers.

J'ai, pour mon propre compte, à compléter un mémoire étendu sur les Annélides polychètes de la mer Rouge; les deux premières parties de ce travail ont paru dans les *Nouvelles Archives du Muséum* en 1901 et 1902. Je rapporte une ample provision de ces animaux, dans laquelle j'ai déjà reconnu plusieurs espèces nouvelles.

Malgré tous les documents que nous possédons maintenant sur la faune de la mer Rouge, il reste encore beaucoup à faire au point de vue zoologique. Nous ne savons presque rien, par exemple, sur la faune toute spéciale de ce singulier Gubbet-Karab, séparé par un haut seuil du reste du golfe de Tadjourah; le lac Assal, au fond d'une profonde dépression et sursalé, le Grand Récif situé au large des îles Musha, que je n'ai pu parcourir que très incomplète-

ment, mériteraient aussi une exploration méthodique et appro-
fondie qui serait certainement fructueuse au point de vue scientifique.

Veuillez agréer, Monsieur le Ministre, l'expression de mes senti-
ments les plus respectueux et tout dévoués.

Ch. GRAVIER.